DU

DIAGNOSTIC CHIRURGICAL

PUBLICATIONS DU MÊME AUTEUR

Du traitement des plaies par armes à feu. (*Gazette médicale de Lyon*, 1849.)

Lettre sur le traitement des Anévrismes et des Varices, au moyen des injections de perchlorure de fer. (*Bulletin de thérapeutique*, 1853.)

De la cure radicale des Hernies inguinales et d'un nouveau moyen de l'obtenir. (Mémoire couronné par l'Académie chirurgicale de Madrid, Paris et Lyon, 1854.)

De l'influence de la Philosophie sur la marche et les progrès de la chirurgie. (*Discours d'installation*, Lyon, 1855.)

De la taille hypogastrique pratiquée au moyen de la cautérisation (Mémoire sur une nouvelle manière d'extraire la pierre de la Vessie, Paris et Lyon, 1858).

DU

DIAGNOSTIC CHIRURGICAL

DISCOURS PRONONCÉ A L'OUVERTURE DU COURS
DE CLINIQUE CHIRURGICALE

(Semestre d'été 1860)

PAR

LE Dr A.-D. VALETTE

Professeur à l'Ecole de Médecine de Lyon, ex-chirurgien en chef de la Charité, membre
correspondant de la Société de chirurgie de Paris, etc. etc. etc.

LYON

J.-P. MÉGRET, LIBRAIRE

QUAI DE L'HOPITAL, 51

1860

DU

DIAGNOSTIC CHIRURGICAL

———————

Messieurs,

L'année dernière j'ai cru devoir consacrer ma première leçon de clinique à l'exposition des idées générales qui dirigeaient ma pratique et devaient inspirer mon enseignement. J'ai été conduit de la sorte à examiner l'influence que les deux grandes doctrines, qui se partagent le monde médical, avaient exercée sur la marche et les progrès de la chirurgie. Je ne pouvais pas d'ailleurs avoir la prétention de traiter cette question d'une manière complète ou même tant soit peu approfondie, car les développements, dans lesquels il m'était permis d'entrer, devaient nécessairement se trouver compris dans les limites assez étroites d'un discours d'ouverture. Je me suis surtout attaché, en m'appuyant sur l'histoire, à faire ressortir les conséquences pratiques des doctrines vitaliste et organicienne. Cette étude rétrospective m'a forcé de reconnaître, que les découvertes faites, que les perfectionnements accomplis étaient dus pour la plupart aux chirurgiens de cette dernière école. Suis-je parvenu à faire accepter mon opinion par tous mes auditeurs? j'étais convaincu d'avance qu'il ne fallait pas l'espérer. Les questions de doctrine ont en effet le privilége de passionner les esprits; c'est à cause de cela, sans doute, que les discussions sur les principes généraux, en médecine comme ailleurs, s'éternisent; aussi, je ne rappellerais pas même aujourd'hui les conclusions auxquelles je suis arrivé, si je ne devais répondre sommairement à quelques objections qui m'ont été adressées, et surtout, si je ne tenais à formuler ma pensée en termes qui ne laissent aucune prise à une fausse interprétation.

Les textes que je vous ai cités, et sur lesquels je me suis appuyé, ont une signification que l'on chercherait vainement à contester. C'est ainsi que je vous ai fait voir Estor, s'évertuant dans le principe à démontrer que les plaies sous-cutanées ne jouissent pas de l'innocuité qu'aucun chirurgien n'oserait leur dénier aujourd'hui, s'efforçant ensuite, dans le but évident de sauvegarder la doctrine, et en se servant d'arguments qui vous ont paru au moins étranges, s'efforçant, dis-je, de démontrer que la cause de cette innocuité doit dans tous les cas être cherchée ailleurs que dans une circonstance aussi matérielle, passez-moi l'expression, que l'absence ou la présence du contact de l'air. Je vous ai rappelé ensuite cette singulière opinion des vitalistes, de M. Golfin en particulier, soutenant què l'*acarus scabiei* était le produit d'une génération spontanée, placée sous la dépendance d'une de ces forces mystérieuses avec laquelle l'école explique tout. La conséquence de cette manière de voir conduit en thérapeutique à l'administration du soufre à l'intérieur, alors que des milliers de faits témoignent chaque jour que, pour guérir la gale, il suffit de quelques bains savonneux et de quelques frictions acaricides.

Il est souvent difficile, j'en conviens, de saisir corps à corps un vitaliste. Les partisans de cette école aiment à planer dans les régions élevées de la métaphysique. Au milieu de cette atmosphère nébuleuse, il est en effet plus aisé d'échapper aux étreintes de l'argumentation, quelque pressante qu'elle soit ; c'est donc à dessein que j'ai été les chercher dans le domaine des faits. Ces citations, que d'ailleurs j'aurais pu multiplier, et qui résument certaines conséquences pratiques de la doctrine, portent avec elles leur enseignement et ferment la porte aux objections ; aussi s'est-on borné à me faire le reproche d'avoir puisé le plus grand nombre de mes arguments dans des mémoires obscurs, au lieu de m'en tenir aux termes généraux de la question. Je me suis, il est vrai, attaché à faire ressortir les résultats auxquels aboutissent les vitalistes eux-mêmes, parce que ces résultats sont de nature à jeter une vive lumière sur la discussion. Ai-je dénaturé les faits? La plupart d'entre vous pourraient répondre, car vous vous souvenez d'avoir entendu, ici même, à la place que j'occupe, un représentant accrédité de l'école, auquel j'avais volontiers cédé la parole dans une de mes cliniques, proclamer et soutenir cette hérésie, que pour reconnaître et traiter les maladies de l'œil, pas n'était besoin d'en connaître la structure et l'organisation, que pour lui, il n'en avait pas ouvert un seul ; et ce médecin, qui jouit d'une réputation justifiée, d'ailleurs, par un incontestable talent, jugeait dans cette séance la valeur de l'ophthalmoscope et de l'ophthalmoscopie. Une pareille opinion vous a paru étrange ; quant à moi, je n'ai pas été surpris, l'orateur m'a paru tout simplement logique. De conséquence, en conséquence le vitalisme conduit fatalement, sachez-le bien, à de semblables conclusions.

L'organicisme mal entendu a de son côté engendré de funestes erreurs ; mais il ne faut pas se hâter de conclure ; ces erreurs, je n'hésite pas à le dire, doivent être imputées, non à la doctrine mais aux individus. Pour peu que l'on réfléchisse, en effet, on s'aperçoit bien vite que derrière les deux doctrines médicales et au-dessus d'elles planent deux principes sur lesquels repose la philosophie universelle. Ces deux principes qui sont désignés sous des noms qui rappellent les plus grandes luttes de la parole, et qui dans l'avenir soulèveront encore dans les esprits bien des orages, c'est, pourquoi ne le dirais-je pas, le spiritualisme et le matérialisme. Entre ces deux principes la guerre doit-elle être éternelle, et toute conciliation est-elle impossible ? L'école éclectique française a, vous le

savez, tenté un rapprochement, et beaucoup d'intelli-
gences supérieures pensent qu'elle l'a fait avec succès.
Je n'ai pas, du reste, à examiner cette question, ce qui
m'importe seulement, c'est de vous rappeler sur quel-
les bases cette école s'est appuyée pour opérer cette
fusion de deux systèmes philosophiques en apparence
inconciliables.

Le philosophe, disent les éclectiques, qui embrasse
le cercle entier des connaissances humaines, est forcé
de reconnaître que l'empirisme ou sensitisme ne nous
montre qu'une face des choses, le côté matériel ou
sensible ; que le spiritualisme ou rationalisme pur
ne nous les fait apercevoir, à son tour, que sous un
aspect tout aussi exclusif, et ne fait naître en nous
qu'un seul ordre d'idées, les idées nécessaires et uni-
verselles, et que par conséquent il existe deux modes
d'acquisition de nos connaissances. La conclusion est
que la vérité ne se trouve tout entière, ni dans l'une
ni dans l'autre de ces deux doctrines, mais qu'elle est
renfermée dans toutes les deux à la fois, c'est-à-dire
dans l'éclectisme qui les résume.

La fortune qu'a eue ce système philosophique était
bien propre à séduire quelques médecins, et à les
pousser à se réfugier dans l'éclectisme médical ; mais,
si je ne m'abuse, la situation n'était plus la même. Peut-
on songer à édifier en médecine une doctrine éclectique ? ceux qui ont eu cette prétention ont été, à mon
avis, dupes d'une définition et se sont payés d'un mot :
la raison en est simple. Il ne suffit pas d'affirmer que

l'on tient la balance égale entre tous les systèmes pour être cru sur parole. Quel est le principe qui guide le médecin éclectique pour discerner la vérité de l'erreur? Peut-on être éclectique en fait de méthodes, quand il n'y a pas de choix à faire? Les connaissances que nous cultivons, nous médecins, proviennent de la sensation et de l'observation ; nous sommes donc forcément conduits à avoir recours à la méthode sensitique, ou si vous le voulez, à la méthode empirique ou inductive, et voilà pourquoi il me paraît impossible au médecin qui veut rester dans les limites de son domaine, et qui, pour ne pas compromettre sa pratique, refuse de courir l'aventure au milieu des hautes spéculations philosophiques, de ne pas se ranger sous le drapeau de l'organicisme qui représente une doctrine médicale, et rien de plus. J'ajoute qu'il peut le faire, sans être entraîné le moins du monde à méconnaitre la supériorité du spiritualisme dans le domaine de la philosophie. Galien, si je ne me trompe, disait que lorsqu'il écrivait une page d'anatomie, il croyait composer une hymne en l'honneur de la divinité. C'est qu'en effet, l'étude de l'organisation suffirait à elle seule, si d'autres raisons n'existaient pas, pour conduire le médecin à s'incliner devant les grandes vérités qui sont la substance du spiritualisme, l'immatérialité de l'âme et l'existence de Dieu.

Est-il donc besoin de répéter, une fois de plus, que l'organicisme ne consiste pas à ne rien voir au delà des organes. Qu'il y ait dans l'économie un principe vital, ou plutôt qu'il se passe dans l'économie des phénomènes, qui ne sont pas de l'ordre des phénomènes mécaniques, physiques et chimiques, qui soient, en un mot, placés sous la dépendance de lois vitales, qui songe à le nier? Non, nous ne nions pas l'existence de cette force mystérieuse, de ces lois vitales; mais nous soutenons que la meilleure voie à suivre, pour s'élever à leur connaissance, est l'étude patiente de l'organisation. Pour nous enfin, la vie, les forces vitales, la nature médicatrice, ne sont pas des réalités, des entités positives, indépendantes et dominatrices des organes, ce sont simplement de pures modalités fonctionnelles, dépendantes et reliées aux organes vivants, comme la pesanteur et la densité le sont à la matière inerte. L'étude des altérations organiques ne peut pas résoudre toutes les difficultés, mais c'est par elle qu'il faut commencer. Les progrès, accomplis dans les deux derniers siècles, prouvent assez combien cette manière de procéder est féconde. Plusieurs maladies ont pu, il est vrai, braver jusqu'à ce jour les recherches les mieux dirigées; mais la science est loin d'avoir dit son dernier mot. Le passé ne nous autorise-t-il pas à espérer que, dans un avenir plus ou moins éloigné, le siége de chaque affection pourra être connu et déterminé? Si notre science a été soumise à des révolutions aussi fréquentes, et qui expliquent le reproche d'incertitude qu'on lui a souvent adressé, cela tient à ce que la philosophie de notre art a été presque toujours subordonnée à des principes et à des hommes qui lui étaient étrangers, c'est parce qu'elle s'est si longtemps laissé dominer par eux, que l'on a voulu commencer par les choses les plus difficiles à connaître. On a placé le but avant les moyens à l'aide desquels on devait l'atteindre ; il me semble qu'il est grand temps, que la philosophie de notre science consente à être vraiment et exclusivement médicale.

Mais en voilà assez sur ce point ; je ne voulais, du reste, que vous exprimer une opinion que vous connaissiez déjà, et sur laquelle des raisons particulières m'ont engagé à revenir. Aujourd'hui, je me propose d'aborder une question plus limitée et plus pratique ; je viens vous entretenir de quelques particularités relatives au diagnostic chirurgical.

Il n'est pas besoin de vous rappeler l'utilité et l'importance du diagnostic. On peut dire qu'il est la base de la thérapeutique. C'est là une vérité proclamée par toutes les écoles, *qui ad cognoscendum sufficit medicus, ad sanandum etiam sufficit,* a dit Hippocrate. Louis, dans son mémoire sur les tumeurs fongueuses de la dure mère, exprime la même idée : « La science du « diagnostic tient le premier rang entre toutes les par- « ties de l'art, et en est la plus utile et la plus diffi- « cile. Le discernement du caractère propre de cha- « que genre de maladie et de ses différentes espèces « est la source des indications curatives ; sans un « diagnostic exact et précis, la théorie est toujours en « défaut et la science souvent infidèle. » Or c'est au lit du malade, c'est-à-dire à la clinique, que vous pourrez vous élever à la connaissance de cet art si difficile. Quelques-uns d'entre vous ont peut-être déjà imprudemment décidé de la direction qu'ils veulent imprimer à leurs études ; quelques-uns, sans doute, avec l'arrière-pensée de se livrer exclusivement un jour à la pratique de la médecine proprement dite, croient pouvoir négliger l'étude des affections chirurgicales, ou du moins veulent borner leurs efforts sur ce point, à se mettre en mesure de satisfaire tant bien que mal aux exigences universitaires. Cette manière d'envisager les choses aurait pour leur avenir des résultats déplorables. Est-il nécessaire de rappeler que cette division de la science en médecine et en chirurgie est purement artificielle ; motivée par les nécessités de l'enseignement, elle ne saurait exister dans la pratique. Si quelques-uns d'entre vous doivent renoncer un jour à faire les opérations, ils ne peuvent néanmoins se dispenser d'apprendre la chirurgie, sous peine de compromettre le salut des malades qui leur seront confiés. Lorsqu'on est appelé auprès d'un malheureux torturé par des coliques accompagnées de vomissements, ne doit-on pas avant tout déterminer la cause des accidents, rechercher si ces coliques sont dues à un empoisonnement, ou à un état pathologique particulier de l'estomac ou des intestins, ou si elles sont occasionnées par une lésion du foie, des reins, ou si elles tiennent à l'existence d'une péritonite ou à la présence d'une hernie étranglée ? Ce n'est que lorsque le diagnostic aura été établi, ce n'est que lorsque ce premier

problème aura été résolu, que l'on arrêtera le traitement, c'est-à-dire que l'on décidera si l'on doit faire
de là médecine ou de la chirurgie, pour me servir des
expressions consacrées. Lorsqu'une femme est atteinte
de métrorrhagie, n'est-il pas indispensable pour instituer une thérapeutique utile, de discerner si cette
femme est enceinte, ou si la perte tient à la présence
d'un polype, d'une dégénérescence de la matrice, ou
si elle est occasionnée par un état inflammatoire de
l'organe, ou si cette hémorrhagie est placée sous la
dépendance d'un état général de l'organisme ? je pourrais multiplier les exemples et passer en revue presque toute la pathologie.

Puisque le médecin est souvent appelé à établir le
diagnostic des affections chirurgicales, il est évident
qu'il doit étudier ces affections comme celles qui sont
plus spécialement du domaine de la médecine proprement dite. Je vais plus loin, j'admets que cette division
qui existe jusqu'à un certain point dans la pratique,
mais qui tend du reste tous les jours à s'effacer, soit
réelle. Dans cette hypothèse même, et alors qu'il
aurait l'intention de se livrer exclusivement plus tard
à l'exercice de la médecine, l'étudiant devrait apprendre avec le plus grand soin, sinon la chirurgie
opératoire, du moins la pathologie chirurgicale ; il
devrait surtout se livrer avec la même ardeur à l'étude
du diagnostic chirurgical, car c'est dans lès salles de
blessés qu'il pourra le mieux commencer une éducation, qui se perfectionnera et s'achèvera dans les salles

réservées au traitement des maladies internes. Ceci demande quelques mots d'explication.

Le diagnostic, qui n'est autre chose que le jugement porté sur l'existence d'une affection, se déduit naturellement des caractères ou signes de la maladie. Or, ces signes se tirent de tous les faits, de toutes les circonstances qui peuvent nous la faire connaître. Parmi ces circonstances, il en est qui appartiennent au passé, d'autres qui tiennent aux faits présents. Ne nous occupons pour le moment que de ces derniers.

Les signes actuels sont les altérations matérielles, la marche, les symptômes, etc. Le diagnostic est en définitive l'application des sens et du jugement à l'étude des faits d'une maladie ; c'est donc une opération complexe, dans laquelle le jugement joue un rôle capital, mais dans laquelle les données fournies par les sens ont une importance très-grande. Mais, pour saisir les éléments du diagnostic, les sens ont besoin de recevoir une éducation spéciale. Ainsi l'oreille, quelle que soit sa délicatesse, ne parvient à distinguer les bruits qui se passent dans la poitrine, qu'après une longue et patiente étude. Ce n'est que par un exercice prolongé que le sens du toucher arrive à saisir les différences qui se rencontrent dans la densité, le poids, la résistance que présentent les tissus. C'est moins la délicatesse de l'organe, qu'une certaine aptitude créée en quelque sorte par l'étude, qui permet de percevoir les nuances qui existent, par exemple, entre le frottement produit par les surfaces d'un os fracturé, et le frottement plus fort, plus grossier qui se fait sentir entre des os déplacés et luxés, et le frottement d'une articulation dont les cartilages sont érodés, et le frottement rude des kystes synoviaux hydatiformes développés dans les gaines des tendons, et le frottement vibratoire qui se perçoit dans ces mêmes gaines seulement enflammées, et le frottement ou plutôt le frémissement des tumeurs hydatiques que l'on presse, et le frottement fin et doux des gaz d'un emphysème légèrement comprimé.

Il est donc indispensable d'arriver par un exercice répété, par une étude patiente, à donner aux sens cette délicatesse et comme une sorte d'aptitude, de sagacité qui permet au praticien habile de saisir des phéno-mènes qui échappent à la perception de ceux qui n'ont pas reçu cette éducation spéciale.

Or, cette éducation, où la commencerez-vous? Est-ce dans une salle de médecine? le choix n'est pas indiffé-rent. Vous pourriez débuter par là, sans doute ; mais en procédant ainsi, vous augmenteriez certainement les difficultés déjà bien grandes que vous aurez à sur-monter, par la raison, que les faits que vous serez à même d'observer seront, là, plus difficiles à étudier. N'aborderez-vous pas, par exemple, avec plus de fruit, le diagnostic des engorgements abdominaux, des tu-meurs perdues dans la masse intestinale, lorsque vous aurez appris à distinguer les tumeurs superficiellement placées, lorsque le sens du toucher aura été exercé à saisir les caractères que présentent les engorgements faciles à limiter, et susceptibles d'une exploration commode ?

Le jugement doit se former aussi. Or, ce travail intellectuel ne se fera-t-il pas, au début, avec plus de fruit dans les salles de chirurgie, non-seulement par la raison, qu'un grand nombre de lésions, qui sont de notre domaine, sont plus abordables par les sens, mais surtout parce que les opérations pratiquées fournissent à chaque instant l'occasion de contrôler le diagnostic ?

L'esprit touve ici des appuis visibles et palpables pour la théorie, et il est incontestable qu'on apprend bien mieux à raisonner, quand le raisonnement porte sur des objets que l'on a en quelque sorte sous les yeux. Vous contracterez d'ailleurs, en procédant ainsi, l'habitude d'apporter dans l'observation des symptômes et dans la détermination de la diagnose, la plus grande précision et la plus grande rigueur. Non pas certes, que je veuille insinuer, qu'en médecine on ne doive pas viser et arriver à une semblable précision, mais par la force des choses on y est moins vivement sollicité. Les difficultés plus grandes d'arriver à un résultat satisfaisant sont d'ailleurs de nature à décourager le débutant. Il faut convenir, en outre, que lorsqu'il s'agit d'une affection interne, les praticiens se contentent souvent d'un diagnostic plus ou moins approximatif; je m'explique :

Dans certains cas, il est fort difficile de préciser le siège du mal, mais il l'est moins de déterminer sa nature inflammatoire, nerveuse ou autre. C'est alors, dans ce cas, sur ce dernier diagnostic que le médecin base sa thérapeutique. Plusieurs même ne cherchent guère à aller au delà, ou tout au moins, les efforts qu'ils font pour reconnaître le siége anatomique du mal, son étendue, sont proportionnés au peu d'importance qu'ils accordent à cette détermination. Il est sans contredit d'une haute importance, il est même quelquefois suffisant pour instituer le traitement d'une maladie, d'en connaître la nature ; mais cette base peut manquer, le médecin a, dans ce cas, la ressource de faire la thérapeutique du symptôme. Admettez que cette indication lui fasse encore défaut, il se réfugie dans l'expectation. Je suis loin de blâmer cette manière de faire, qui trouve sa justification dans le fameux précepte *in dubio abstine*, mais convenez que la pente est douce, combien par paresse s'y laissent glisser. « C'est une remarque que « l'on a faite déjà, écrit M. Max. Simon dans sa « *Déontologie médicale*, que les médecins, que la « tournure de leur esprit incline naturellement vers « l'expectation, finissent par arriver à une sorte de « paresse d'esprit, de pusillanimité même, pourrions- « nous dire, qui les rend spectateurs inactifs des acci- « dents les plus graves. »

Les erreurs de diagnostic en chirurgie sont en général plus graves pour le malade et plus compromettantes pour l'homme de l'art. Elles sont plus graves pour le malade, parce que les opérations sont des

moyens autrement énergiques que les drogues adminis-
trées le plus souvent à des doses innocentes ; elles sont
plus compromettantes pour l'homme de l'art, lorsqu'en
effet celui-ci dit au malade ou à son entourage,
qu'il a à combattre ou une inflammation du foie, ou
une gastrite, il dit vrai, je le veux bien, mais quand
bien même il ne serait pas sûr de son diagnostic, il
pourrait le dire encore, il sait bien que le contrôle est
impossible ; d'ailleurs, les sujets atteints d'affections
internes se contentent en général de réponses vagues
et évasives ; mais ce même malade, qui se déclare
satisfait quand on lui a dit, c'est le sang, c'est la bile,
ce sont les nerfs qui sont affectés, c'est un grand feu
qui existe, devient fort difficile à persuader et vous
presse de questions, quand, par exemple, il a une
tumeur : cela tient sans doute, à ce qu'il entrevoit,
dans ce cas, la pointe d'un bistouri dans l'avenir.
Quoi qu'il en soit, il veut savoir d'où vient cette tumeur ;
si elle est solide, si au contraire elle renferme un
liquide. Il veut encore que l'on précise la nature, la
couleur du liquide contenu ; il faut ici une réponse
nette, précise, et il faut la donner avec la perspective
que l'erreur, s'il y en a une de commise, sera prochai-
nement démontrée par le traitement. Vous ne serez
donc pas étonné, si le chirurgien contracte l'habitude
d'apporter toute la rigueur possible à la détermination
du diagnostic. Aussi, je ne saurais trop répéter à ceux
qui débutent dans la carrière, que, quelle que soit la
direction qu'ils doivent suivre plus tard, il leur est

indispensable d'étudier avec le plus grand soin le diagnostic des affections chirurgicales, parce qu'ils seront souvent appelés à se prononcer sur ce point. En outre, les travaux auxquels ils se livreront sous ce rapport seront loin d'être perdus, car ils auront singulièrement aplani les difficultés plus grandes, que leur présentera le diagnostic des affections qui sont plus particulièrement du domaine de la médecine.

Ce sont les sens, qui nous permettent d'apprécier les modifications que la matière organisée a subies sous l'influence des affections morbides. Ai-je besoin d'ajouter qu'ils ne font, dans cette détermination, que transmettre des données sur lesquelles s'exerce l'intel-, ligence; c'est le jugement qui, en définitive, résout le problème; mais il est évident, que la sensibilité spéciale des sens, qui apporte à l'entendement des informations si précieuses, doit être cultivée et développée avec le plus grand soin. Quelle que soit l'ardeur que l'on apporte à faire cette éducation, on ne tarde pas à s'apercevoir que dans bien des circonstances, les sens sont insuffisants; aussi vous ne serez pas surpris que de tout temps on ait cherché à suppléer à cette insuffisance. Ce besoin a enfanté un grand nombre de procédés et de moyens artificiels dont le praticien peut invoquer le secours. Il y a eu dans cette voie des découvertes admirables accomplies, l'auscultation en est un exemple; il existe des instruments ingénieux, des procédés à la fois simples et commodes, qui agrandissent véritablement le champ de l'observation et rendent l'exploration des organes plus rapide et plus sûre. Mais, toute médaille a son revers, il existe aussi une foule d'instruments pour le moins inutiles, et un grand nombre de procédés qui sont de nature à induire en erreur. Il y a sous ce rapport un choix à faire et un écueil à éviter. Pour ne citer qu'un exemple, je vous rappellerai que l'emploi du stylet explorateur, de cet instrument qui nous rend de si grands services, est dans quelques circonstances formellement contre-indiqué. Le speculum uteri est indispensable pour établir le diagnostic et aider au traitement des maladies de la matrice ; mais le speculum de la bouche est-il bien utile, et était-il bien nécessaire de surcharger l'arsenal déjà si encombré du médecin ? La manie de l'invention ne connaît du reste pas de limites. Les auteurs les plus prolixes n'insistent guère sur la nécessité, lorsqu'on veut examiner la bouche, l'arrière-gorge, le rectum, l'utérus, les cavités enfin, de placer le malade de façon à ce que le jour éclaire les parties que l'on explore, ou d'avoir recours à la lumière artificielle, lorsque cet examen est fait à la nuit close ; ces préceptes sont par trop naïfs. Et cependant, il y a quelques semaines, un médecin a proposé, pour simplifier les choses, sans doute, l'application de la lumière électrique.

Il est bon nombre d'instruments qui, *à priori*, semblent devoir fournir des indications précises, théoriquement ils paraissent irréprochables, et cependant ils sont d'une utilité douteuse dans l'application. Vous

pourrez lire, par exemple, dans les traités d'accouche-
ments que vous avez entre les mains, la description de
plusieurs pelvimètres qui sont assez ingénieusement
construits, et dont l'usage est vivement recommandé.
Malgré cela, les praticiens préfèrent, pour la plupart,
s'en tenir aux données fournies par le toucher simple.
Ceux mêmes, qui se servent de ces instruments, n'accordent créance aux renseignements qu'ils en retirent,
qu'autant qu'ils concordent avec ceux fournis par le
doigt indicateur. Je n'en finirais pas, si je voulais
vous énumérer toutes les tentatives qui, sous prétexte
d'éclairer et de simplifier le diagnostic, n'ont fait
qu'encombrer l'arsenal du médecin. Il est bon toutefois
de vous en signaler en passant quelques-unes.

Vous savez tous l'importance que l'on attache aux
qualités du pouls. Non-seulement le praticien compte
les pulsations, mais il cherche encore, avec raison, à
apprécier leur force, leur résistance, leur rhythme, etc.
Pour calculer la vitesse du pouls, il suffit d'un peu d'habitude; toutefois, comme pour d'autres motifs le médecin se sert d'une montre, on comprend qu'il l'utilise
dans cette exploration. L'emploi de la montre à secon-
des ne peut qu'inviter, d'ailleurs, à porter toute la
rigueur possible dans l'observation, mais on ne s'est pas
arrêté là ; on a imaginé un instrument, le métronome,
qui mérite à peine qu'on le cite, puis, le sphygmomètre
dont l'étymologie indique les usages. Malgré ses airs
de précision, le sphygmomètre n'a pas soutenu l'épreuve clinique, et le doigt appuyé sur la radiale est

encore le procédé le plus simple, et qui fait le mieux apprécier les diverses qualités du pouls.

Le spiromètre d'Hutchinson, destiné à mesurer rigoureusement la capacité pulmonaire, et qui, suivant son inventeur, devait éclairer d'un jour nouveau et inattendu le diagnostic des maladies de poitrine, a eu un instant ses admirateurs passionnés. Il s'en est trouvé parmi eux pour soutenir que les données, fournies par cet instrument, étaient plus sûres que celles fournies par l'auscultation ; l'expérience a fait justice de ces prétentions, depuis longtemps le spiromètre est complétement abandonné.

Si je vous rappelle ces exemples que je pourrais multiplier, c'est afin de vous montrer qu'il ne suffit pas qu'un instrument, qu'un procédé nouveau paraisse offrir théoriquement des avantages, pour être accepté dans la pratique, il ne suffit même pas que ces moyens nouveaux se produisent dans le monde scientifique, sous la recommandation d'hommes instruits, mais quelquefois enthousiastes ; il faut encore qu'ils supportent l'épreuve clinique ; c'est-à-dire que nous nous croyons le droit, nous praticiens, d'en juger la valeur au lit du malade. Les déceptions nombreuses, que l'art a dû subir, doivent nous rendre circonspects. Nous connaissons trop les difficultés que nous avons à surmonter, pour n'être pas très-disposé à accepter les procédés, les instruments qui sont de nature à rendre le diagnostic plus rapide et plus sûr ; mais encore une fois, il est des écueils que nous devons éviter, nous devons enfin nous tenir en garde contre les entraînements du premier moment, contre l'engouement, disons le mot, contre la mode qui patronne souvent des innovations éphémères.

J'avais besoin de vous rappeler ces principes, avant de vous dire mon opinion sur un moyen de diagnostic qui a eu, qui a même encore la prétention d'opérer une révolution radicale en chirurgie, je veux parler du microscope. Un professeur de clinique chirurgicale ne peut pas aujourd'hui se dispenser de dire ce qu'il pense de cet instrument, d'en faire ressortir les avantages, s'il l'emploie, de justifier son abstention s'il n'en fait pas usage : mais auparavant, je dois vous faire part d'un scrupule qui, un instant, m'a fait hésiter à aborder cette question.

Il est, par le temps qui court, quelques hommes doués d'un grand talent servi d'ailleurs par la plus louable activité, mais qui ont le tort, à mon avis, de vouloir personnifier la science. Sans doute, ils ont déjà fait beaucoup pour elle, et ils sont appelés à faire plus encore ; mais cependant, ils s'abusent s'ils s'imaginent que la science ne progresse que quand ils s'agitent, qu'elle reste stationnaire quand ils se recueillent. Pour eux, la question que je soulève pourrait peut-être, paraître oiseuse ou vieille comme le temps, parce que des concessions ont dû être faites, il y a quelques mois, par les micrographes les plus avancés. Pour nous, nous pensons que la science, qui est l'œuvre de tous, marche plus lentement, et que cette question du microscope qui a commencé à poindre à l'horizon, il y a près d'un siècle, est pour longtemps encore sur le tapis; nous pensons en d'autres termes qu'elle sera longtemps encore une question d'actualité. Ceci dit en passant, je reviens à mon sujet.

Le microscope est, je n'ai pas besoin de vous le dire, un instrument qui a la propriété de grossir les objets dans une proportion considérable. C'est donc un instrument précieux, qui doit être d'un grand secours dans l'étude de l'anatomie normale et pathologique. On a dit que c'était un scalpel perfectionné, c'est une expression fort juste, et qui caractérise parfaitement la nature des services que le microscope peut rendre à l'anatomie. Je n'ai pas l'intention d'ailleurs de m'occuper de ses rapports avec cette science. Si les micrographes n'avaient eu d'autre prétention que celle d'être allés plus loin, dans l'étude des tissus sains et malades, qu'on ne l'avait fait avec le scalpel et l'œil nu, nous n'aurions qu'à applaudir sans réserve à ces tentatives opérées dans le but de reculer les limites de l'exploration. Mais la question n'est pas restée longtemps placée sur ce terrain. Depuis quelques années le microscope a manifesté une plus haute ambition; il s'est posé en face de la clinique, non pas seulement pour l'éclairer, mais pour la réformer complétement. Le micrographe, en un mot, n'a pas consenti au rôle modeste de nous fournir des données utiles, le cas échéant, il s'est transformé en juge dictant des arrêts que le clinicien doit subir. C'est au point de vue de ses rapports avec la clinique que nous devons appré-

cier le microscope. Nous eussions été fort embarrassé,
à une certaine époque, pour résoudre cette question ;
mais aujourd'hui la lumière s'est faite, et nous pourrons nous prononcer, non-seulement en nous appuyant
sur l'autorité des cliniciens proprement dits, mais
encore sur celle des micrographes les plus compétents.
C'est surtout à l'occasion des tumeurs cancéreuses que
la discussion, dont je dois vous rappeler les principaux éléments, a été agitée.

Il y a quelques années, vous le savez, M. Lebert
crut avoir trouvé l'élément spécial du cancer ; c'était
la fameuse cellule cancéreuse. La spécificité de cette
cellule a été un instant admise par les micrographes ;
ils regardèrent comme des faits acquis : 1° que la
cellule cancéreuse seule constituait le cancer ; 2° qu'on
la retrouvait dans toutes les tumeurs malignes ; 3° que
là où elle manquait, on n'avait pas affaire à un cancer.
Les cliniciens ne tardèrent pas à protester. Il est inu-
tile de vous faire passer sous les yeux toutes les pièces
du procès. En fin de compte, les micrographes ont été
forcés de reconnaître plus tard : 1° qu'il n'y a point
de cellule cancéreuse spéciale ; 2° que cette cellule se
retrouve à l'état normal dans certains tissus ; 3° qu'elle
se voit dans des tumeurs non cancéreuses ; 4° qu'elle
peut manquer dans des tumeurs qui, cliniquement,
sont cancéreuses au plus haut degré ; 5° que cette cellule peut manquer dans une tumeur dite cancéreuse,
peut être retrouvée dans une première récidive de
cette tumeur, pour manquer de nouveau dans une

seconde récidive. Ces faits sont, je le répète, acceptés par les micrographes eux-mêmes. Voici en quels termes s'exprime un des plus autorisés d'entre eux, M. le professeur Michel, de Strasbourg : « La science parut « tout à coup réglée par l'apparition de cet élément « pathologique nouveau (cellule cancéreuse), et l'on « crut que, de ce côté, les recherches seraient bientôt « inutiles. C'est sous l'influence de cette doctrine que « reparut plus forte que jamais la division des tumeurs « en homœomorphes et hétéromorphes. Dès lors cet « élément cancéreux servit à expliquer la reproduc- « tion, la généralisation, et même l'incurabilité ab- « solue des tumeurs qui la recélaient. Cependant la « clinique ne tarda pas à démontrer les erreurs pro- « fondes de cette doctrine, en reconnaissant la mali- « gnité, là où manquait la cellule cancéreuse, tandis « que cette cellule cancéreuse était annoncée dans « les productions morbides les plus bénignes. Virchow, « Paget, Bennett déclarent que la cellule cancéreuse « n'est pas spécifique, puisqu'on en voit d'analogues « dans les épithéliums, le cartilage, etc. Forster dé- « clare que le microscope a fait rejeter d'une manière « définitive la spécificité de la cellule cancéreuse. « D'autres micrographes, MM. Delafond, Mandlt « Weldt, Rokitansky, expriment le même avis. »

Je pourrais poursuivre cet examen critique des opinions émises par les micrographes, et vous montrer que pour les autres productions morbides, pour le tubercule notamment, les généralisations ont été aussi prématurées. Mais, sur ce dernier point, les micrographes ont toujours été en désaccord complet ; et d'ailleurs, il faut le reconnaître, la spécificité histologique du tubercucle n'a jamais été présentée avec cette assurance, qui nous a valu la description de la cellule cancéreuse. Ce qui précède suffit d'ailleurs pour juger la question. Je ne saurais mieux faire que de vous citer les conclusions que M. Velpeau, dans son *Traité des maladies du sein*, a formulées en ces termes. « Il serait « plus commode et plus agréable, je le sais, quand il « s'agit de diagnostiquer un cancer, de prendre une « parcelle de la tumeur, de l'examiner tranquillement « sous une lentille, au coin du feu, que de passer de « longues heures chaque matin près des malades, à « étudier, à relever tout ce qui se passe chez eux, à « perfectionner ses sens et son coup d'œil, à se mettre « en mesure enfin de constater ce que la science per- « met de constater en face de semblables productions. « Mais comme c'est l'utile, le vrai, facile, agréable ou « non, qu'il faut savoir, comme l'art du diagnostic « n'en est, n'en restera pas moins, un art difficile et « très-compliqué, il y aurait danger à en détourner « l'attention, en faisant entrevoir la possibilité de s'en « passer, d'en changer la base, ou croire que l'expé- « rience active ou raisonnée puisse être jamais rem- « placée par l'anatomie microscopique. »

Je ne sais si le passé rendra les micrographes plus circonspects à l'avenir. Dans tous les cas, il me semble tout naturel de vous faire remarquer que je ne comprends pas pourquoi ils veulent ainsi faire table rase des faits acquis. Si avec les yeux, en effet, nous ne découvrons pas tout, nous apercevons cependant quelque chose ; or, ce quelque chose a bien une valeur dans la détermination du diagnostic. D'un autre côté, le microscope peut conduire à de singulières appréciations et faire apercevoir les mêmes objets avec des apparences différentes, car l'aspect que prennent ces objets vus au microscope varie suivant une foule de circonstances et dépend quelquefois d'un centième de tour de vis. Pour étudier une tumeur, le micrographe en prend une petite partie, le moins qu'il peut ; qui est-ce qui prouve que cet atome est la dernière expression de la nature intime de la tumeur? qui est-ce qui prouve que l'arrangement moléculaire , révélé par le microscope, est plus caractéristique, plus propre à servir de signe différentiel que les dispositions que nous voyons à l'œil nu. Un ingénieux critique a fait remarquer avec beaucoup de raison que l'on distinguait très-facilement à l'œil nu une pomme d'une poire, et il se demande comment on accueillerait la prétention d'un micrographe, qui voudrait que l'on s'en rapportât uniquement à un détail de texture microscopique qui lui serait révélé, sous prétexte que la forme, la coloration, la consistance, la saveur de la pomme ou de la poire sont des signes d'une trop grande vulgarité. Cet argument est spécieux sans doute, je suis loin de l'invoquer comme une démonstration, mais enfin il me semble caractériser d'une manière très-juste une tendance fâcheuse de la micrographie.

Malgré ce que je viens de dire vous ne me prêterez pas cette pensée que le microscope n'est bon à rien, qu'il ne peut rien ajouter à nos connaissances. J'ai dû m'élever avec tous les cliniciens contre les généralisations prématurées de certains auteurs, mais il y a loin de là à méconnaître les renseignements précieux, les services signalés que cet instrument a déjà rendus à la science ; du reste, il n'a pas dit son dernier mot ; la microscopie est cultivée avec une infatigable activité par des hommes d'une si haute valeur, que nous sommes en droit d'attendre un jour de leurs travaux une riche moisson ; peut-être même arrivera-t-on à quelque résultat décisif. J'en tire la conclusion qu'il est de notre devoir de suivre le mouvement, de nous préparer, le cas échéant, à profiter des découvertes qui pourront être faites. Si, en un mot, le microscope ne doit pas être pour nous un guide qui puisse nous détourner de l'observation clinique, c'est un aide, un appui que nous chercherons souvent à utiliser.

J'aurais à vous entretenir bien longuement encore, si je voulais épuiser cette revue des principaux instruments imaginés dans le but d'éclairer le diagnostic, mais il n'est pas entré dans ma pensée de les étudier aujourd'hui. Je n'ai eu en vue qu'une appréciation d'ensemble, passez-moi le mot, et si je me suis laissé entraîner à vous entretenir aussi longuement du microscope, c'est à cause de l'importance excessive que quel-

ques personnes lui ont accordée dans ces derniers
temps, et de l'enseignement que nous présente le specta-
cle des déceptions auxquelles il a donné lieu. Je ne
pouvais choisir un exemple plus éclatant, pour vous démontrer que les moyens artificiels de diagnostic ne peuvent suppléer à l'observation clinique. Quand l'occasion
se présentera, j'aurai à apprécier la valeur de tel ou tel
procédé de diagnostic, de tel ou tel instrument, je pourrai
alors entrer dans des détails suffisants, mais ce qui précède m'autorise à vous répéter que ce n'est que dans
quelques cas exceptionnels que ces moyens artificiels
peuvent suffire à résoudre les difficultés de la diagnose,
dans tous les cas, ils ne peuvent que fournir des
données sur lesquelles doivent s'exercer les facultés
intellectuelles, développées d'ailleurs par une étude
sérieuse de tous les jours. « Notre esprit, a écrit Louis
« dans le mémoire que je vous ai déjà cité, tire des
« sens toutes ses lumières ; mais s'ils ne sont pas diri-
« gés par des connaissances précédemment acquises,
« ils sont la source d'erreurs et l'occasion de méprises
« continuelles. On ne peut trop le répéter, c'est la
« raison qui apprend au chirurgien à voir et à tou-
« cher, c'est le jugement qui l'empêche de défigurer,
« par des explications disparates les faits positifs, et
« de joindre des idées incohérentes qui forment des
« idées aussi fausses que dangereuses. Enfin, c'est
« par les lumières de l'esprit qu'on acquiert le vrai
« savoir et la grande habileté, cette science expéri-
« mentale qui est l'heureux concours de l'étude et de

« la pratique, lesquelles doivent se prêter constamment
« un mutuel secours. »

Je n'ai pas besoin d'ajouter, que la symptomatologie
organique et fonctionnelle n'est pas l'unique source du
diagnostic, et que je n'ai eu en vue qu'un seul côté
d'une question très-complexe. D'ailleurs, s'il était entré
dans ma pensée de traiter d'une manière générale cette
grande question, j'aurais à vous entretenir des signes
qui conduisent à la connaissance des maladies, de la
manière d'interroger et d'examiner un malade , des
obstacles qui rendent le diagnostic difficile et incertain,
des conditions que le médecin doit offrir pour arriver
plus facilement et plus sûrement à un diagnostic précis;
toutes questions qui se présenteront d'elles-mêmes,
lorsque nous aurons à traiter les cas particuliers qui
feront le sujet de nos cliniques ; je m'efforcerai alors
de joindre l'exemple au précepte. A mesure que vous
avancerez dans cette voie, vous reconnaîtrez que si
beaucoup d'instruments, de procédés de diagnostic doivent être rejetés de la pratique comme illusoires et dan-
gereux, il en est un grand nombre dont l'utilité est
incontestable ; par eux le champ de l'observation a été
véritablement agrandi. Mais j'ai hâte d'ajouter, que si
nos ressources sont plus grandes que celles qu'avaient
nos devanciers, nous sommes tenus à faire plus d'efforts
pour les utiliser. Gardez-vous de croire que ces moyens
artificiels simplifient les choses, ils nous permettent
d'aller plus loin, mais à la condition que nous dé-
ploierons une plus grande activité. Des exceptions à

cette règle se présentent sans doute à votre esprit ; ainsi, il est vrai que quelques gouttes d'acide nitrique, versées dans l'urine, suffisent quelquefois pour faire reconnaître l'existence d'une maladie. Il est vrai encore que l'anesthésie, dont les applications ont trait le plus souvent à la thérapeutique, éclaire singulièrement le diagnostic différentiel des fractures, des luxations, des maladies articulaires ; mais ces exemples, et quelques autres que vous pourriez citer, ne doivent pas vous faire perdre de vue les difficultés que vous rencontrerez dans d'autres circonstances. La découverte de l'ophthalmoscope a véritablement agrandi le champ de l'oculistique ; mais pour être en mesure de retirer de ce précieux instrument tout le parti possible, il faut une étude longue et patiente , un exercice soutenu, peut-être même devrais-je ajouter que cela ne suffit pas toujours, et que certaines aptitudes personnelles sont indispensables. A quels labeurs le médecin n'est-il pas obligé de se livrer, pour retirer de l'auscultation les ressources précieuses qu'elle peut fournir. C'est qu'en effet, Messieurs, et cette comparaison traduira bien ma pensée, ces procédés, ces instruments de diagnostic sont comme des instruments de musique qui ne parlent que sous les doigts de l'artiste ; en d'autres termes, l'emploi de ces instruments en suppose un autre, supérieur à tous , et sans lequel ils seraient entre vos mains complétement inutiles, cet instrument que rien ne peut suppléer, c'est le travail.

Le travail... que ne pourrais-je pas, que ne devrais-je

pas vous dire de cette glorieuse servitude de l'huma-
nité? mais j'en fais l'aveu, je recule devant l'alternative
de vous adresser des exhortations vulgaires, ou de
vous exprimer des sentiments qui vous paraîtraient
peut-être empreints d'une prétentieuse exagération.
Laissez-moi cependant vous rappeler, en terminant,
quelques vérités dont vous reconnaîtrez, un peu plus
tôt, un peu plus tard, la justesse.

Ce n'est pas vous faire injure que de supposer que
l'élément matériel de la profession est la circonstance
principale qui a poussé la plupart d'entre vous à frap-
per à la porte du sanctuaire ; dans tous les cas, c'est
à coup sûr la perspective d'une position à la fois honorable et suffisamment rémunératrice qui a décidé vos
parents à s'imposer de longs et coûteux sacrifices.
D'ailleurs, le désir de se faire une place au soleil, de
créer à sa famille une existence à l'abri du besoin et
d'assurer sa vieillesse est trop légitime, pour qu'on ne
l'avoue pas hautement. Vous devez commencer à vous
apercevoir que le chemin est plus rude à parcourir que
probablement vous ne l'aviez supposé. Les feuilles
médicales périodiques qui vous tombent entre les mains
et que la curiosité vous pousse à lire, vous montrent
d'une part une activité prodigieuse, des efforts inces-
sants pour combler les desiderata de la science ; de
l'autre, les préoccupations, les doléances de quelques
médecins qui cherchent un remède ou du moins un
adoucissement à des misères professionnelles qui ne sont
que trop réelles. J'ignore ce que l'avenir vous réserve,

mais le temps marche et fait son œuvre. La génération qui nous pousse verra sans doute bien des progrès accomplis. Il n'y a qu'un moyen pour vous, et ceci vous ne le contesterez pas, de vous préparer à recueillir les fruits de tant de travaux accumulés, ce moyen, c'est le travail lui-même opiniâtre et persévérant.

Serez-vous appelés à recueillir le bénéfice de réformes professionnelles dont les meilleurs esprits proclament la nécessité : j'en ai le désir ; mais restez bien convaincus, quoi que vous puissiez entendre dire, car il est peu de sujets qui aient plus exercé tantôt la verve généreuse, tantôt la verve satirique des auteurs, restez bien convaincus dis-je, qu'il existe un moyen certain de conquérir une place honorable au banquet professionnel, c'est encore le travail. Oui, malgré quelques scandaleuses exceptions, que vous aurez peut-être l'occasion de rencontrer, vous reconnaîtrez un jour que la voie, je ne dirai pas seulement la seule honorable, mais encore la plus sûre pour parvenir, c'est le travail qui vous placera constamment face à face avec le devoir.

Il n'est pas besoin de vous parler des obligations morales que vous contracterez vis-à-vis de la société ; vous les remplirez dignement si vous entrez résolùment dans cette voie ; car, le régime moralisateur du travail, la conscience apportée à l'étude des problèmes si compliqués dont vous aurez à chercher la solution, finissent par créer comme une habitude d'abnégation, de probité et de vertu qui rend le devoir facile à remplir.

Puissions-nous, Messieurs, avoir droit les uns et les autres de nous rendre un jour cette justice, que nous n'avons pas failli à cette loi du devoir, nous aurons trouvé alors un refuge assuré contre les orages de la profession, nous pourrons enfin, pour me servir de l'expression du poëte, « Regarder d'un œil tranquille, « le flot couler, et dévorer son écume. »

Chanoine, imprimeur à Lyon.